AF265811

TURRIS FORTISSIMA VIRTU
le Cte e Marquis
de Sertia.
Rue de la Rochefoucauld, N° 1

VOYAGE

DANS

LA HAUTE ÉGYPTE,

AU DESSUS DES CATARACTES.

VOYAGE

DANS

LA HAUTE ÉGYPTE,

AU DESSUS DES CATARACTES;

AVEC DES OBSERVATIONS SUR LES DIVERSES ESPÉCES DE SÉNÉ
QUI SONT RÉPANDUES DANS LE COMMERCE.

 PAR H. NECTOUX, 

MEMBRE DE LA COMMISSION DES SCIENCES ET ARTS D'ÉGYPTE.

A PARIS,

Chez { GARNERY, rue de Seine, n.° 6 ;
Madame NYON, place de la Monnaie.

DE L'IMPRIMERIE DE DIDOT JEUNE.

M. D. CCC. VIII.

ici vos droits à la considération publique; votre modestie, qui égale vos talens, m'avertit de supprimer des louanges méritées, et de borner l'expression de mes sentimens à celle de la vive reconnaissance et du profond respect avec lequel j'ai l'honneur d'être

Votre sincère admirateur

HYPOLITE NECTOUX.

AVERTISSEMENT.

J'ai d'abord hésité à publier ce petit écrit qui me semblait devoir faire partie des magnifiques ouvrages ordonnés par le Gouvernement, pour mettre au jour les découvertes que la Commission d'Egypte a faites dans cette célèbre contrée pendant que l'armée d'Orient l'illustrait par ses expéditions; mais le desir d'être utile à tous les hommes, et principalement à cette classe estimable de Médecins et de Pharmaciens qui consacrent leurs veilles et leurs soins au soulagement de l'humanité, me détermine à le faire.

Les botanistes trouveront la description et la synonymie la plus complète des casses médicales, et une nouvelle espèce de cynanque qui ne peut pas en être séparée. Je les ai fait dessiner sur les lieux, par M. Redouté jeune, peintre du Muséum d'Histoire naturelle, si connu par ses ouvrages dans ce genre aimable de peinture; en sorte que je puis espérer que mon travail pourra prendre son rang dans le vaste domaine de la science.

Ce résultat de la tâche que je m'étais imposée pendant cette mémorable expédition; a reçu l'approbation de l'Institut National, dans la séance du 3o thermidor an X, et c'est ce témoignage honorable qui m'a engagé à le publier.

INSTITUT NATIONAL

DES SCIENCES ET ARTS.

EXTRAIT DES REGISTRES DE LA CLASSE

DES SCIENCES PHYSIQUES ET MATHÉMATIQUES.

Séance du 3o thermidor an X de la République française.

Un Membre, au nom d'une Commission, lit le rapport suivant sur un Mémoire du citoyen Nectoux, ayant pour titre: *Voyage dans la haute Egypte, au-dessus des cataractes de Sienne, avec des Observations sur les diverses espèces de Séné qui sont répandues dans le commerce.*

Le citoyen Nectoux est un des savans que le Gouvernement avait choisis pour faire partie de la Commission des Sciences et Arts qui a accompagné le général Bonaparte en Egypte. Chargé d'observer le système agraire du pays, en étudiant les plantes qui y croissent, ainsi que plusieurs autres objets d'histoire naturelle, il a cru pouvoir étendre et fixer d'une manière plus certaine la connaissance du séné, dont le commerce d'Alexandrie fournit toute l'Europe, et spécialement la France; il s'y est livré avec un zèle et une constance dignes d'éloges.

Les magasins d'Alexandrie et du Caire ont été les premières sources qu'il a visitées dans le plus grand détail; tous les ballots de séné lui ont été ouverts, et il y a reconnu non-seulement les deux espèces déjà connues, mais une troisième plante qu'on y avait ajoutée et dont les feuilles ont une grande ressemblance avec celle du vrai séné. Il s'est muni d'échantillons de chaque espèce, pour être les guides de ses recherches.

Mais, craignant avec raison de n'avoir que des notions incomplètes et aussi imparfaites que celles publiées avant cette mémorable expé-

ij

dition, il a voulu voir les différentes espèces sur pied, vivantes et dans les différens états de leur vie ; afin de ne rien laisser à desirer dans la description qu'il se proposait d'en faire.

Vainement il a parcouru et visité avec soin les environs d'Alexandrie, de Rosette, de Damiette et du Caire ; il n'a pas trouvé un seul pied de séné dans tout l'espace que renferme le *Delta*. Le séné ne porte donc le nom de *séné d'Alexandrie*, que parce que cette ville est l'entrepôt général d'où il est transporté en Europe ; et celui de *séné de la Palthe*, parce que ces entrepôts s'appellent *Palthe*, qui signifie *Ferme*, et les régisseurs se nomment *Palthiers*.

Les renseignemens qu'il s'était procurés auprès des différens *Palthiers*, parmi lesquels il nomme avec reconnaissance le citoyen Rosetty, et près des habitans du pays, lui annonçaient des plantes de séné dans les vallées de Sienne. Il s'y rendit, et il eut la satisfaction d'y en rencontrer, et d'en cueillir chargées de leurs fleurs et de leurs fruits.

Cette première rencontre ranima ses espérances ; rien alors ne put l'arrêter, ni la violence de la chaleur, ni la difficulté d'un voyage long-temps infructueux à travers des montagnes arides, escarpées, ni la crainte des Arabes ennemis. Où il ne pouvait se rendre sans un danger évident, il envoya des habitans du pays qui allèrent lui chercher les différentes plantes qu'ils rencontraient. Secondé par les autorités militaires et civiles, à qui l'exemple et l'intention du général avaient inspiré la même bonne volonté pour tout ce qui pouvait contribuer aux progrès des sciences, et les mêmes sentimens d'estime et de déférence pour les hommes généreux qui les cultivaient, il pénétra partout où on lui avait dit et où il soupçonnait qu'il trouverait du séné.

Les bornes de ce rapport ne nous permettent pas d'entrer dans les détails très-intéressans des différens voyages qu'il a faits.

C'est dans le désert aux environs de Bassatine, à deux lieues du Caire, qu'il a cueilli les premiers pieds du séné-belledy.

La rive droite du Nil, en face d'*Hermantès*, où les *Fallach* lui en ont offert une plus grande provision, ainsi que les environs de *Darao*.

Le bon séné et l'*arguel*, espèce de *cynanchum*, croissent en plus grande abondance et de meilleure qualité, mieux nourris dans la vallée des *Barabras* (ou la Nubie), d'où les caravanes l'apportent à Darao et à Sienne. Les Palthiers le font passer ensuite, au moins pour la plus grande partie, à Alexandrie.

Dans les montagnes à trois jours de distance au-dessus de Sienne, on trouve le guebelly, le séné de la Thébaïde et l'arguel. Ce dernier est en assez grande quantité dans une vallée qui court à l'est de Sienne, et en tournant vers l'Egypte.

Dans ces endroits, vallées, collines, ravins ou montagnes, le bon séné-guebelly et l'arguel ne sont pas plus cultivés que le belledy, que l'on regarde comme sauvage; ils viennent spontanément par groupes.

On en fait deux récoltes, dont l'abondance dépend de la durée des pluies qui ont lieu périodiquement chaque année. La première et la plus abondante est à l'issue des pluies qui commencent au solstice d'été, et finissent à la fin de fructidor, et la seconde a lieu au commencement de germinal.

La préparation se réduit à les couper et à les exposer au soleil sur les rochers, jusqu'à parfaite dessiccation. Le mélange des deux espèces se fait même quelquefois en Nubie; mais on n'y trouve point le belledy; ce n'est que dans les entrepôts de Sienne, du Caire, qu'on l'ajoute. Les relevés des quantités récoltées et déposées dans les magasins, et des quantités vendues, justifient la crainte d'une grande et dangereuse falsification par l'addition de plantes étrangères. Car, d'après l'aveu du Palthier, le produit des deux coupes varie depuis sept cents quintaux jusqu'à onze cents au plus, dont le tiers est de l'arguel, et la vente est de quatorze à quinze cents quintaux. Aussi, dans celui que reçoivent nos marchands, on trouve souvent des feuilles de bagnaudiers et de buis.

Ces fraudes, malheureusement trop communes dans le commerce, sont d'une conséquence bien plus grave dans les espèces de drogueries. Elles donnent beaucoup de peine à nos pharmaciens, qui sont obligés d'en faire le triage avec soin.

Après avoir présenté l'extrait de cette partie historique du Mémoire du citoyen Nectoux, nous passons à la partie botanique.

Les anciens botanistes avaient distingué ces deux espèces de séné, et les phrases descriptives dont ils se servaient pour les désigner, *foliis acutis*, — *foliis obtusis*, exprimaient avec assez de clarté et de précision les différences qu'elles présentent. Néanmoins *Linnæus* avait cru devoir les réunir et les considérer comme des variétés. Le citoyen Lamarck a fait remarquer dans son Dictionnaire, à l'article *Casse*, l'erreur dans laquelle était tombé le célèbre professeur d'Upsal. Il a distingué les deux espèces de séné qui croissent en Egypte. Celui dont les feuilles sont aiguës est annoncé sous le nom que lui avait donné Forskal, *cassia lanceolata*; et l'autre, dont les feuilles sont obtuses, sous celui de *cassia senna*. Les observations qui ont été présentées à la Classe sur ces deux plantes, par le citoyen Delisle, et ensuite par le citoyen Nectoux, établissent encore plusieurs autres différences. Le *cassia senna* se distingue du *cassia lanceolata*, non-seulement par ses feuilles obtuses, mais encore par ses stipules plus longues et en forme de lance, et par son légume arqué et relevé sur le milieu de chaque face de crêtes saillantes. On peut s'assurer de ces différences dans la figure première.

Ainsi la description faite par le citoyen Nectoux, rapprochée de celle communiquée par le citoyen Delisle, donne un rassemblement de caractères qui facilitent la connaissance distincte de la classification de ces plantes, dont l'utilité est estimée depuis long-temps par la médecine comme un précieux médicament.

C'est sous ce point de vue que nous allons maintenant les considérer.

En l'an six, le citoyen Bouillon Lagrange a publié une analyse chimique du séné de la Palthe d'Alexandrie, celui qui est adopté dans le commerce. J'ai pensé qu'en lui remettant les trois espèces de plantes dont le citoyen Nectoux m'a confié une ample provision, je pourrais offrir à la Classe, tout-à-la-fois, la connaissance des principes que contiennent les deux espèces de séné et l'arguel, et le parallèle avec la même connaissance déjà acquise du séné du commerce. — Le zèle, les lumières du citoyen Lagrange ont pleinement rempli mon vœu. Il ne vous paraîtra pas étonnant que les deux analyses de l'an 6 et de l'an 10 présentent les mêmes résultats à des différences si petites, qu'elles n'influent point sur le jugement que le médecin doit porter de l'action de ces deux séné, puisque le séné du commerce n'est autre chose qu'un composé des trois espèces que le citoyen Nectoux a ramassées et conservées séparément.

Les deux espèces anciennes avaient été soumises séparément à l'examen, et leurs produits pouvaient, sans conséquence intéressante, être rangés dans la même classe. Restait donc à soumettre aux mêmes recherches, la plante dite *arguel*, appelée *séné de la Mecque*, et rangée dans la classe des *cynanchum*, par le citoyen Nectoux, qui en a donné une ample description. Voici ce que les expériences chimiques ont appris au citoyen Bouillon Lagrange.

« Il m'a paru que cette substance contenait une moins grande quantité de matière extractive. L'infusion à froid, à chaud, la décoction, les liqueurs évaporées, ne donnent qu'une petite quantité d'extrait, et cet extrait est constamment analogue, quant à ses principes, aux extraits des deux espèces anciennes de séné. Ainsi on doit en attendre les mêmes effets, mais plus faibles; différence bien importante dans la pratique de la médecine, et dont il sera utile de s'occuper, ainsi que de la forme sous laquelle ce remède doit être administré. Les recherches que font en même-temps, mais séparément, notre collègue Vauquelin et le citoyen Bouillon Lagrange, sur une partie constituante du séné, que l'on a regardée comme résineuse, et par conséquent comme la plus active, établiront une doctrine plus positive sur cette espèce de purgatif. J'espère en rendre compte par la suite, ne le pouvant à présent, parce que je ne dois prononcer qu'après un grand nombre de faits observés dans des circonstances différentes.

Le citoyen Nectoux a joint aux feuilles, petits rameaux et gousses du séné-guebelly, les fleurs qu'il a recueillies sur cette plante. Ces fleurs, après les épreuves que leur a fait subir le citoyen Bouillon Lagrange, donnent aussi les mêmes résultats; seulement elles colorent moins les liqueurs dans lesquelles elles ont été mises en infusion ou en décoction; la saveur n'est pas d'une amertume salée comme celle des feuilles; l'odeur n'est pas la même non plus, et tout annonce qu'elles contiennent bien moins de principes purgatifs. Voilà l'essentiel des conséquences à déduire de l'analyse chimique.

Nous nous résumons. La classe a pu reconnaître dans notre extrait, que le citoyen Nectoux a fait faire des progrès essentiels à la science botanique, par la désignation déterminée des lieux où croissent les espèces de séné, par la description des trois espèces et par la représentation qu'il en a donnée dans les figures dessinées par le citoyen Redouté jeune, dont les talens sont justement estimés. Il y a joint une figure du *cassia fistula,* plus exacte que celles données avant lui.

Sous le rapport botanique, et de la médecine surtout, le mémoire du citoyen Nectoux nous paraît mériter l'accueil favorable de la Classe; et vos commissaires vous proposent de l'assimiler à celui du citoyen Delisle, dont, d'après le rapport de notre collègue Desfontaines, vous avez ordonné l'impression dans le volume des savans étrangers. Ces deux mémoires se prêtent naturellement des éclaircissemens, et se confirment.

Il est un autre rapport, celui d'économie, sous lequel ce mémoire nous paraît digne d'une attention réfléchie. C'est le projet de transporter le séné d'Égypte, de Nubie, à Saint-Domingue, dans les terres usées et abandonnées des cultivateurs. Le citoyen Nectoux promet que ces plantes réussiraient également aux îles de France, de la Réunion, de Cayenne; en Italie, en Espagne, en Portugal et dans les gorges de la Suisse. L'essai n'est pas difficile, et ne demanderait que peu de frais. Sur ce point, nous pensons que la Classe doit se borner à engager l'auteur à communiquer son projet au Gouvernement. Si ce projet était couronné du succès, on se procurerait le séné pur et sans mélange; ce qui rendrait infailliblement son usage plus utile et moins dispendieux.

Fait à la classe des Sciences Mathématiques et Physiques de l'Institut National.

Le 30 thermidor an X.

Signé, DESESSARTZ ET VENTENAT.

La Classe approuve le Rapport et en adopte les conclusions.

Certifié conforme à l'original.

A Paris, le 6 fructidor an X.

F. LACROIX, secrétaire.

VOYAGE

DANS LA HAUTE ÉGYPTE,

AU-DESSUS DES CATARACTES;

AVEC DES OBSERVATIONS SUR LES DIVERSES ESPÈCES DE SÉNÉ QUI SONT RÉPANDUES DANS LE COMMERCE.

J'ARRIVAIS des contrées qu'arrosent l'Amazone et le Saint-Laurent, où j'ai passé seize ans, lorsque celui qui dirige actuellement les destinées de l'Europe organisait sa mémorable expédition d'Egypte. Il avait chargé le sénateur Berthollet de former une commission de savans et d'artistes pour l'accompagner. Ce savant m'invita à être de ce nombre. Cette proposition flatteuse me fut d'autant plus agréable, qu'elle pouvait me mettre à portée de rendre de nouveaux services à la science, et d'utiliser l'expérience que je venais d'acquérir. Je me dirigeai donc vers ce célèbre pays, et j'arrivai auprès de ces superbes monumens qui datent de la plus haute antiquité, et qui ont été, de tout temps, regardés comme une des merveilles du monde.

Mes premières recherches, en descendant sur cette antique plage, eurent pour objet le *séné*, qui, dans le commerce des Européens, porte indifféremment le nom de *séné d'Alexandrie*, ou *séné de la Palte*, c'est-à-dire, de la Ferme.

Les propriétés médicales de ce végétal précieux sont assez universellement connues; mais la plante vivante devait fixer toute mon attention. Trompé par la dénomination de *séné d'Alexandrie*, je m'attendais à le trouver, sinon dans les environs de cette cité, au moins dans l'étendue du sol qu'elle commande.

Je ne tardai pas à revenir de mon erreur. Partout où mes pas se portèrent, ils ne foulèrent que des décombres, ou un sable aride, qui admettent à peine quelques plantes pendant les pluies. Les soudes mêmes, si communes dans toute la contrée, se dessèchent à tel point, qu'elles en sont friables. Excepté quelques groupes de palmiers que l'on voit à de longs intervalles sur les bords du canal d'Alexandrie et sur la presqu'île qui conduit d'Alexandrie à Aboukir, on n'aperçoit, de quelque côté que l'on porte ses regards, que des dunes stériles.

Le séné est aussi étranger à Alexandrie qu'il l'est à nos villes de commerce maritime. Cette cité n'est qu'un entrepôt où cette production aboutit pour passer en Europe, comme elle arrive à Marseilles pour se répandre dans toute la France.

Pressé par le but que je m'étais proposé dès le commencement de mon voyage, je parcourus successivement les environs de Rosette, de Damiette, du Caire, et tout l'espace que renferme ce vaste triangle appelé *le Delta*. Partout j'y rencontrai des cultures qu'il m'était intéressant d'observer, et dont j'aurai occasion de parler dans mes Mémoires sur l'agriculture : mais j'y cherchai vainement le séné.

Les habitans d'Alexandrie avaient répondu aux questions que je leur avais faites sur cette production, d'une manière très-équivoque ; et tout ce que je pus apprendre d'eux, c'est que le séné leur arrivait directement du Caire. Dès mon arrivée dans cette capitale, mon premier soin fut d'aller visiter le citoyen Rozetti, alors paltier (fermier) de l'entrepôt exclusif du séné établi à *Boulak* (les habitans nomment cet entrepôt *Oukal el séné Mekky*). Le citoyen Rozetti, homme instruit et très-obligeant, m'introduisit avec affabilité dans tous ses magasins.

J'y vis d'abord celui où se prépare le séné qu'on fait passer en Europe. Cette préparation consiste à séparer des tiges les feuilles et les follicules, dont on fait de grosses balles de forme à-peu-près ronde, du poids de 7 à 8 cantars (560 à 640 livres, poids de marc).

J'y remarquai des gousses, dont les caractères différens indiquaient évidemment deux espèces, et j'en pris des échantillons, afin de les comparer, si j'en trouvais l'occasion, avec celles des plantes vivantes.

Ayant fait au paltier plusieurs questions sur le mélange des espèces et sur les lieux d'où il les tirait, j'appris seulement qu'elles étaient apportées par des caravanes à Sienne, et delà transportées au magasin général à *Boulak*, par la navigation du Nil; que les bâtimens des ports de la mer rouge qui transportent les marchandises de l'Inde et le café de l'Yemen à Cosseïr et à Suez, prenaient aussi quelquefois, mais rarement, des balles de séné pour compléter leur chargement.

Les balles de séné étant très-volumineuses, et d'un transport difficile et dispendieux par les caravanes, il en résulte une augmentation dans le prix du séné apporté de Suez au Caire, où les marchands sont obligés de le verser à la palte, et de le livrer au même prix que celui qui vient de Sienne : d'où il suit que les marchands de Suez, ne pouvant soutenir la concurrence avec ceux de Sienne, n'en apportent que peu ou point du tout. Je tiens même du paltier, qu'il y a des années où il n'en vient pas une seule balle par Suez.

Ne pouvant obtenir des renseignemens plus détaillés, je me retirai, dans l'intention de ne rien négliger pour me procurer les espèces dont j'avais les échantillons. Je visitai, mais infructueusement, tous les environs du Caire où l'on pouvait aller sans craindre les Arabes-Bédouins. Bientôt je pris le parti d'envoyer un homme du pays me chercher des plantes dans le désert, où l'on ne pouvait pénétrer sans une forte escorte. Forskhael avait employé ce moyen pendant son séjour en Égypte.

Dès que cet homme fut un peu au fait, il me rapporta des plantes et des graines extrêmement intéressantes. Je desséchai avec soin les premières, et gardai précieusement les secondes, pour les envoyer en France. Un jour il me surprit agréablement en me rapportant une espèce de séné pourvu de fleurs et de fruits, qu'il me nomma *sena-belledy*, séné du pays. (Les Égyptiens donnent généralement le surnom de *belledy* à toutes les plantes indigènes, et celui d'*araby* à toutes celles qui sont exotiques.)

La comparaison que je fis de cette plante avec les échantillons de la palte m'apprit qu'elle appartenait à l'espèce dont les gousses sont contournées. Mon pourvoyeur me dit qu'il l'avait cueillie aux environs de *Bassa-Tine*, village situé à l'entrée de la vallée de l'Egarement, et qu'elle n'y était pas abondante. Je résolus d'aller visiter

ces lieux, n'ayant rien à craindre de la tribu des Arabes-*Thérabins*,
avec lesquels nous étions en paix, et qui étaient campés tout près
de ce village, distant d'environ deux lieues du Caire. Je m'y rendis
dès le lendemain, et j'y trouvai la plante qui faisait l'objet de mes
recherches. J'en fis la description qui se trouve vers la fin de ce
Mémoire, et j'en desséchai quelques échantillons.

Animé par cette découverte, je redoublai de zèle pour tâcher
de trouver l'espèce dominante à larges gousses, que j'avais observée
au magasin de la palte; mais, malgré tous mes efforts, je ne pus
la découvrir aux environs du Caire.

Après avoir observé les opérations agricoles du vaste bassin
auquel commande la capitale de l'Egypte, je m'occupai du soin
de monter au Saïd, qui offrait un nouveau champ à mes recherches
dans le même genre, et où, de plus, je pouvais espérer de satisfaire
mon desir de connaître enfin l'autre espèce de séné. Je fis part de
mon projet au général en chef Bonaparte, qui donna les ordres
nécessaires pour faciliter les moyens de l'exécuter.

Heureusement pour moi, M. Reignier, frère du général de ce
nom, fut nommé, dans ce moment, administrateur, à l'effet de
monter dans la haute Egypte, pour accélérer la rentrée du miry ou
impôt territorial, destiné à l'approvisionnement des subsistances de
l'armée.

Je ne puis trop me louer du zèle généreux que M. Reignier a
mis à favoriser toutes mes opérations : il suffit de dire qu'il est ami
des sciences, et que l'agriculture fait l'une de ses plus chères
occupations.

Ce fut sur la fin de germinal an 7 que nous nous acheminâmes
pour aller visiter cette partie de l'Egypte au-dessus des pyramides
qui confine le Delta [1]. Je parcourus successivement les provinces
de *Béné-Souef*, *Fayoum*, *Minié*, *Siout* et *Girgai*, et je parvins jusqu'à
Carnak sans rencontrer aucune des espèces de séné.

[1] C'est dans cette contrée que je me présentai au général Dessaix, commandant en chef la province
du Saïd, aussi zélé protecteur des sciences que grand capitaine. Il me témoigna tant de bonté et de
générosité, que je ne puis me dispenser de rendre à sa mémoire le faible tribut de ma reconnaissance.
Je dois ce même tribut à tous les officiers-généraux et autres, et aux chefs d'administrations, qui
tous m'ont favorisé et secondé dans mes travaux. Je le dois en particulier à M. Thevenin, administrateur-
général des équipages de l'armée.

En observant les cultures qui environnent les superbes ruines du palais de *Carnak* et de *Luxor*, je remarquai quelques pieds du même séné que j'avais déjà cueilli aux environs de *Bassa-Tine;* mais il devient plus commun à mesure qu'on remonte la vallée, et déjà on le rencontre en grande quantité sur la rive droite du Nil, en face d'Hermuntis, où les *Fellach*, comme les habitans de *Bassa-Tine* le nomment *séna-belledy* ou sauvage. Il croît naturellement parmi le doura, *holcus sorghum*, LIN, que ces fellach cultivent; ensorte qu'après avoir récolté ce dernier, ils font une ou deux coupes de séné, sans se donner aucun soin.

Arrivé à *Esnech*, j'en parcourus le territoire, dans lequel on voit le séné belledy parmi les champs de doura, comme dans les terres incultes; et, après avoir terminé mes courses agricoles dans les environs, je visitai l'entrepôt de séné qui est dans la ville.

Je me fis ouvrir plusieurs balles, dans lesquelles le séné était presque aussi brisé que celui que j'avais vu au Caire; et ma surprise fut extrême de ce qu'une d'elles était entièrement composée d'une espèce de *cynanchum*, étrangère à tout ce que j'avais vu jusqu'alors. Ce qui m'étonna davantage, fut de l'entendre nommer *sena-Mekky*, séné de la Mecque. Le cheik qui tient l'entrepôt d'Esnech me dit que cette plante se nommait aussi *arguel:* il ajouta qu'elle possédait les mêmes vertus que le séné, et que les *guellaps*, marchands d'esclaves, qui l'apportent du pays des *Barabras*, la vendent pour du séné.

Je remarquai qu'on préparait dans cet entrepôt le séné de même qu'au Caire, c'est-à-dire, qu'on séparait des tiges les feuilles et les follicules, pour les remettre dans les mêmes balles et les conduire à la ferme générale de Boulak. Le cheik m'observa que l'extraction n'était faite que dans l'intention de diminuer les frais de transport, pouvant, par ce moyen, mettre sur une barque le chargement de deux. Mais le *séné-belledy*, que j'avais vu coupé et séché par petites parcelles de l'autre côté d'Hermontis et aux environs d'Esnech, ne me permettait pas de croire que ce fût la seule cause.

Je parcourus successivement les plaines de Thèbes, d'Hermontis, d'Esnech et d'Edfou ; mais en observant la culture des environs de *Darao*, j'aperçus aussi des petits tas de *séné-belledy* étendus au soleil.

J'appris qu'on le vendait à *Darao* ou à *Esnech*, les trois quarts moins que le séné apporté par les caravanes de Nubie et des Arabes Béeheriés.

Une de ces caravanes était arrivée depuis peu à Darao. Elle avait, outre les marchandises qu'elle apporte ordinairement, beaucoup de ballots de séné. Je donnai quelque argent pour qu'on m'en ouvrît plusieurs, et je trouvai dans les uns le séné à larges gousses, que les marchands appellent *séna-guébelly*, séné des montagnes; dans d'autres l'arguel; d'autres ballots contenaient le mélange des deux espèces. Seulement je leur fis voir le *séné-belledy*, qu'ils reconnurent sous le même nom, ajoutant que c'était un séné sauvage qui occasionnait des coliques à ceux qui en faisaient usage. Ils m'observèrent, comme à Esnech, que le séné des montagnes et l'arguel ne venaient qu'à trois journées au-dessus de Sienne.

J'arrivai enfin à Sienne, située sur la rive droite du Nil, en face de la petite île Eléphantine, qui termine l'Egypte au-dessous des cataractes. J'avoue que, malgré la distance qu'on m'avait dit être entre Sienne et l'endroit où croît le séné des montagnes et l'arguel, je m'attendais à en rencontrer quelques pieds; mais bientôt l'expérience me prouva le contraire : malgré la multiplicité de mes courses dans les environs, je n'observai que le séné de la Thébaïde.

Réduit aux informations, je m'adressai au citoyen Piquet, commandant cette frontière. Il m'aida de son crédit, et nous parcourûmes ensemble tous les entrepôts de séné qui sont à Sienne. Partout, comme à Esnech et à Darao, je rencontrai le séné guebelly et l'arguel sans mélange. Néanmoins, les petites javelles de *séné-belledy* que j'avais vues aux environs de Sienne me laissèrent, avec raison, des doutes sur la fidélité de ceux qui entreposent cette denrée.

J'interrogeai les *cheicks* de la ville, qui jouissent d'une grande considération, et ceux d'une caravane qui venait d'apporter du séné. Tous s'accordèrent à dire que le séné à larges gousses et l'arguel croissaient, à trois jours de distance, dans les montagnes au-dessus de Sienne. Ils répondirent à beaucoup de questions que je leur fis sur ces plantes, et comme j'ai eu occasion de vérifier la vérité de leurs réponses, je rapporterai plus loin les observations que j'ai faites sur les lieux, et les renseignemens qu'il était indispensable d'y prendre.

Je ne pouvais cependant me défendre de quelques doutes sur la distance à laquelle on m'avait assuré que croissaient ces plantes précieuses. Pour les éclaircir, j'offris dix gourdes (53 liv. 10 sous) à celui qui me montrerait un seul pied vivant, tant du véritable séné que de l'arguel. Quelque séduisante que fut cette proposition à l'égard d'hommes qui travaillent pendant tout le jour pour huit médins (6 sous de notre monnaie), néanmoins elle n'eut aucun effet, et tous me répondirent que, quand bien même je leur donnerais cent gourdes, il serait impossible de m'en procurer un pied. On verra bientôt que le hasard m'a mieux servi.

Cependant, un des individus que j'avais voulu intéresser au succès de mes recherches prétendit qu'il était sûr de trouver les plantes que je desirais dans les montagnes au sud-est de Sienne, et à la distance de quatre à cinq heures de marche, ajoutant qu'on ne pouvait y aller, à cause des Arabes *Abadis*, qui étaient nos ennemis. Tous ses camarades nièrent le fait.

Le commandant Piquet promit une escorte pour écarter toute crainte ; mais il me fallut différer ce petit voyage, car je me trouvais alors réuni à la commission envoyée par le général Bonaparte pour visiter les monumens de la haute Egypte, et avec laquelle je partis dans l'après midi pour l'île Phillé.

Après avoir franchi l'immense surface de décombres qui couvrent le terrain qu'occupait jadis la ville de Sienne, on entre dans un pays qui n'offre plus que des montagnes granitiques de différentes hauteurs, et absolument dénuées de toute végétation.

Les torrens desséchés qui séparent ces montagnes, ou mieux ces rochers, offrent partout des sables stériles, résultats de leur dégradation. Tel est le contraste affligeant que l'on rencontre en quittant la riche et fertile vallée de l'Egypte.

Pendant trois à quatre heures de marche au milieu des montagnes pour se rendre à Phillé, on suit continuellement les restes d'une muraille, épaisse de quinze à dix-huit pieds, construite en pierres et en briques cuites au soleil.

Ce monument, dont je n'entreprendrai d'expliquer ni l'âge ni l'utilité, se prolonge nord et sud, en longeant la rive droite du Nil, de Sienne à Phillé, et jusqu'au-delà d'*El-bad* (village de la porte), où mal-à-propos les hommes ont fixé les limites de l'Egypte, que la nature posa réellement à Sienne, où l'aspect du pays change brusquement, comme je l'ai dit dans mon Mémoire sur la zoologie de l'Egypte.

On arrive à Phillé par la grande vallée de l'est, qui se termine vis-à-vis cette petite île si renommée dans la mythologie égyptienne. Elle fut en partie couverte de monumens, dont on peut prendre une idée par deux temples que le temps a épargnés. L'un est à ciel découvert, décoré de magnifiques bas-reliefs. L'autre est un vaste édifice, orné d'un péristyle, d'une seconde cour, d'une galerie et de deux grands môles, au milieu desquels est la porte principale, située au sud. L'édifice est précédé des restes d'une superbe colonnade, dont l'un des côtés borde la branche du Nil qui sépare Phillé de l'île Beguet. On remarque encore un très-beau quai par où on aborde à Phillé.

Cette île est située dans un petit bassin, environné de toutes parts par un chaos de montagnes granitiques.

La grande vallée de l'est n'offre que des sables aussi stériles que les rochers qui l'environnent. On voit près de son entrée les ruines d'un petit village, parmi lesquelles on remarque deux sarcophages couverts d'hiéroglyphes.

La belle et riante vallée du sud, dans laquelle coule paisiblement le Nil, annonce les cataractes, ou mieux, ce courant rapide qui commence au-dessous de Phillé.

Sur la rive occidentale de ce fleuve sont situées les bourgades d'*El-hécé*, et sur la rive occidentale les villages d'*El-bab* et *El-michelle*, que le Nil réfléchit, de même que la tête des palmiers qui le bordent, avec leur rougeâtre et pendant régime.

A l'est de l'île Beguette, est un enfoncement demi-circulaire borné par d'énormes rochers.

Cette portion, cultivée par gradins, est terminée par quelques masures. Au milieu s'élève un petit temple égyptien, auquel est adapté un portique ceintré, de construction romaine.

L'échappée du nord présente une partie des cataractes. Ce courant est embarrassé par les îlots et les pointes saillantes de rochers à travers lesquelles le Nil s'élance avec radipité, et occasionne au loin un bruit qui contraste avec le silence qui règne à **Phillé**.

Delà on remarque, dans l'un des îlots où la cataracte prend naissance, un énorme bloc de granit de 3o à 35 mètres de haut, verticalement placé par la nature : il présente la forme d'un fauteuil. Les angles de ce rocher, jusqu'à une certaine hauteur, comme tous ceux qui environnent Phillé, furent sans doute arrondis par les eaux qui, dans des temps très-reculés, affluaient par le détroit des cataractes, et qui entraînèrent successivement des contrées du tropique, jusqu'aux moindres vestiges de la terre végétale. Ces lieux n'offrent plus à l'œil du voyageur que l'image affreuse de la nudité.

En visitant les monumens de Phillé, j'aperçus, dans un des angles du quai, des ballots de séné à larges gousses, et d'autres d'arguel. Je crus que ces substances étaient le produit des environs. Je les parcourus aussitôt; mais partout je ne vis que l'espèce de séné qu'on trouve en remontant depuis Thèbes. Elle est aussi considérée comme sauvage par les habitans.

En vain je leur offris une récompense assez considérable, s'ils me montraient un seul pied de séné ou d'arguel; sans avoir égard à la distance déjà parcourue, ils me renvoyèrent pareillement à trois journées au-dessus de Phillé.

Tous ceux que j'avais interrogés jusqu'alors sur le même objet m'avaient fait la même réponse.

Mais l'impossibilité de pénétrer dans ces contrées sans une force armée assez imposante, me faisait perdre l'espérance de voir le séné à larges gousses et l'arguel.

Fatigué de recherches pénibles et toujours infructueuses, j'allais rentrer à Phillé, dans l'intention de retourner à Sienne, pour faire une dernière tentative dans l'endroit qu'on m'avoit indiqué, lorsque le hasard me fit rencontrer, aux environs du village ruiné dont nous avons parlé, un pied de la plante qui faisait l'objet de mes recherches.

A son aspect, quoiqu'elle fût dépourvue de fleurs et de fruits, je ressentis la plus grande joie.

Son port était bien différent de celui du séné belledy qui était à côté. Je la comparai avec les faibles échantillons que j'avais pris à Sienne.

Les tiges et les feuilles entièrement semblables ne me laissèrent aucun doute sur ma nouvelle découverte.

Je la montrai à un Fellach qui était près de là, et qui la reconnut aussi pour le véritable séné.

Nous cherchâmes ensemble le reste de la journée pour en trouver d'autres, mais ce fut infructueusement.

Néanmoins je résolus, dès ce moment, de ne pas quitter Phillé sans avoir vérifié les doutes que je devais avoir sur les trois journées qu'on disait être entre Sienne et le pays où l'on récolte le séné.

Content de ce faible succès, je rentrai à Phillé, où nous étions campés. Je priai M. Costaz, chef de la commission, de me faire donner une escorte pour pénétrer plus avant dans les montagnes.

Ce savant, appréciant l'importance de mes recherches, pria l'officier commandant le détachement de la commission de déférer à ma demande, et dès le lendemain 25 fructidor, nous partîmes deux heures avant le jour, avec un guide, dont je m'étais assuré la veille.

Nous dirigeâmes nos pas dans la vallée où j'avais rencontré, le jour précédent, un pied de séné. Après une heure de marche dans sa direction vers l'est, on franchit les fondemens d'une large muraille qui la traverse, et plus loin un sentier par où les caravanes de la partie inférieure de Nubie se rendent à Sienne.

Ici cette vallée forme deux embranchemens. Nous prîmes celui qui incline vers le sud, et, après une heure de marche, nous traversâmes la vallée de *Darao*, où se trouve une source d'eau saumâtre, près laquelle s'arrêtent les caravanes de la partie sud de Nubie pour se rendre à Darao.

En parcourant un pays aussi montagneux que celui des environs de Phillé, je ne rencontrai que quelques plantes absolument étrangères au séné, encore étaient-elles presque toutes desséchées ou peu vigoureuses, à cause d'une sorte de torréfaction que leur font éprouver les sables brûlans où elles croissent et les rochers qui les environnent.

Enfin, après avoir franchi la vallée de Darao, je trouvai un groupe de cinq à six pieds, de l'espèce de séné que je cherchais; ils étaient pourvus de fleurs et de fruits. Là nous fîmes halte, et pendant que l'escorte déjeûnait, j'en fis une description complète.

Ce nouveau succès redoubla mon zèle. Les soldats, qui m'avaient vu prendre tant de soins à décrire cette plante, me prièrent de leur dire si elle faisait l'objet de mes recherches; et sur ma réponse affirmative, ils ajoutèrent : *Il faut qu'elle ait de grandes vertus pour lui donner autant de soins.* Je leur dis qu'elle était l'une des plus précieuses à l'humanité souffrante. Alors ces hommes, aussi zélés pour le soulagement de leurs semblables, que terribles envers les ennemis de leur pays, la remarquèrent si bien, que, dès ce moment, pas un coin des ravins n'échappait à nos recherches.

Nous prîmes notre direction au sud, et marchâmes jusqu'à trois heures de l'après-midi.

Nous ne rencontrâmes pendant tout ce temps que des pieds isolés de séné, et deux ou trois groupes de 30 à 40 pieds, qui avaient été coupés depuis peu. Mais le soleil qui gagnait l'horizon nous invitait à la retraite. Néanmoins nous ne la fîmes qu'après avoir gravi une montagne plus élevée que les autres.

Parvenu à son sommet nous n'aperçûmes de toutes parts que la même suite de montagnes granitiques frappées de la plus affreuse stérilité. Ce fut au milieu de ces montagnes que, pour la première fois depuis mon départ de France, je me trouvai dans le voisinage d'un nuage sombre, dont la foudre qui en sortit aussitôt mêlée d'éclairs ne me parut guères moins épouvantable que dans les profondes vallées des hautes montagnes du nouveau monde.

Nous marchâmes dans des ravins non moins affreux que ceux que nous avions tenus jusqu'alors. Nous y rencontrâmes encore quelques groupes de séné à larges gousses et beaucoup de pieds isolés qui avaient échappé à la recherche des habitans qui en font la récolte. J'en pris les fleurs et les fruits. Les coupes de différens âges que je remarquai sur les petites souches me firent alors juger de la vérité des renseignemens qu'on m'avait donnés sur les espèces.

Une observation bien frappante dans cette pénible course, c'est que, dans tous les endroits où nous passions, la plus grande partie des plantes avait été broutée jusqu'à la racine, par les *gazelles*, les *autruches* et le *mouflon*, tandis que le séné avait été respecté (La même chose arrive à l'égard du séné belledy et l'arguel).

Après une des journées les plus fatigantes que j'aie essuyée de ma vie, nous arrivâmes derrière le village d'Elbab, d'où nous nous rendîmes très-tard à Phillé. J'appris qu'il en devait partir le lendemain un détachement pour Sienne. Je résolus d'en profiter, pour m'assurer si, comme on me l'avait dit, le séné venait dans les montagnes situées à peu de distance vers l'est de cette ville. Il n'était que huit heures du matin lorsque nous y arrivâmes.

J'allai ensuite trouver le commandant, qui se montra aussi bien disposé que la première fois. Il me promit une escorte montée sur des chameaux, à laquelle il ajouta un dromadaire pour moi; et dès le lendemain, je partis avec l'homme qui m'avait donné les renseignemens dont j'ai parlé.

Au sortir de Sienne, nous fîmes route entre les décombres de cette cité et la forêt de Dattiers située à l'est; puis nous entrâmes dans les montagnes calcaires, moins élevées que les montagnes granitiques, auxquelles elles touchent. Elles sont, comme ces dernières, très-coupées et non moins stériles.

Après avoir marché pendant presque toute la matinée dans les nombreuses vallées qui les séparent, sans rencontrer un seul pied de séné ni d'arguel, nous arrivâmes à celle de Darao, que nous traversâmes, dirigeant nos pas vers le nord. Je remarquai enfin quelques chétifs pieds de séné, mais point d'arguel.

Ayant changé de vallée pour entrer dans une plus grande qui court à l'est, je ne tardai pas à découvrir, à ma grande satisfaction, quelques pieds d'arguel pourvus de fleurs et de fruits. La comparaison que j'en fis avec les échantillons que j'avais ne me laissèrent aucun doute que ce ne fût la même espèce. Mon guide la reconnut aussi.

Aussitôt que j'en eus fait la description, nous dirigeâmes nos pas du côté de l'Egypte, et nous trouvâmes beaucoup de groupes d'arguel récemment coupés (c'était la seconde coupe). Vers le coucher du soleil, nous prîmes une grande ravine qui nous conduisit à *El-Agaf*, situé à quatre lieues de Sienne. Tout le pays que nous parcourûmes dans cette journée fatigante ne nous offrit que des montagnes nues et stériles, qui, au loin, semblaient s'élever davantage à raison de leur plus grande proximité de la mer rouge.

Le peu de plantes étrangères à l'arguel ou au séné que nous rencontrâmes, étaient, comme nous l'avons dit, broutées jusqu'aux racines. Cette vérité prouve que la nature, en destinant ces plantes au soulagement de l'espèce humaine, les a pourvues d'une saveur propre à les faire respecter des animaux ; et ce précieux médicament est la seule ressource que ces contrées stériles offrent, dans leur état actuel, à l'industrie des hommes.

J'ai dit qu'il était nuit lorsque nous arrivâmes à *El-Agaf*, qui est au pied de la chaîne arabique. La lueur de la lune aurait pu éclairer notre marche pour Sienne, mais nous étions si fatigués, que nous fûmes obligés de prendre quelque repos. Le lendemain, nous rencontrâmes dans notre route divers pieds d'arguel, et le succès ayant passé mes espérances, je rentrai à Sienne avec une satisfaction qui ne peut s'exprimer.

J'y trouvai le général Beillard qui organisait une petite expédition pour la Nubie, faisant monter à cet effet, par les cataractes, une d'jerme armée (embarcation du Nil pontée aux deux extrêmités seulement).

Après lui avoir fait part de mes recherches sur les sénés, et lui avoir témoigné le desir de prendre encore de plus amples connaissances sur ces espèces qui venaient abondamment dans le pays où il se proposait de remonter, ce général, ami des sciences, m'invita à faire ce voyage, et il m'assura qu'il m'aiderait de son pouvoir.

Le lendemain, dans l'après-midi, nous partîmes avec une colonne militaire pour Phillé, où nous arrivâmes au coucher du soleil, après avoir rencontré les deux commissions qui s'y étaient réunies et qui se rendaient à Sienne.

La d'jerme n'était pas encore arrivée, tant elle avait éprouvé de difficultés à franchir la cataracte. Cependant, à force de bras et après de grands efforts, elle parvint à Phillé, où nous bivouaquâmes la nuit; mais le jour suivant nous nous embarquâmes et fîmes voile pour la Nubie, connue en Egypte, sous le nom de *Vallée* ou pays des *Barabras*.

Ce n'est qu'après avoir passé le village d'El-Bab qu'on entre dans cette étroite vallée. Le Nil s'y trouve resserré entre deux chaînes de montagnes granitiques assez élevées, tellement que parfois il baigne le pied de l'une et de l'autre, et ce fleuve, au-dessus de Mardar, ressemble assez au Rhône resserré par les montagnes du Dauphiné et celles du Vivarais, entre Vivier et Donzère; son cours, plus rapide qu'au-dessous des cataractes, est aussi plus rempli d'écueils, de sorte que les barques ne peuvent le remonter que par un fort vent du nord.

Le peu de terrain compris entre les deux chaînes de montagnes est divisé par les sinuosités du Nil en espaces plus ou moins grands, suivant l'ouverture des vallées. Là s'élèvent de petites bourgades composées de vingt, quarante, soixante et cent maisons plates, ou plutôt des huttes de huit à dix pieds quarrés sur six au plus de haut, où, comme en Egypte, hommes et animaux logent ensemble.

Tel est l'aspect de la Nubie jusqu'au village de Baude, où l'on voit un magnifique temple d'une ordonnance qui ressemble à celle du temple d'Edfou, mais qui est moins encombré.

Le sol que cultivent les Barabras est appauvri par les sables du désert et par les débris des montagnes. Il ne reçoit jamais les bienfaits du Nil, que dans les crues extraordinaires, qui lui font plus de mal qu'elles ne lui procurent d'avantages.

Les principales productions que cultivent les Barabras, sont les diverses variétés de doura, *holcus sorghum*, le millet à chandelle, *holcus spicatus*, qui est indigène et cultivé en Egypte comme fourrage, qu'on fait manger en vert, et qu'on y connaît sous le nom de *doura-barabras*, peu de blé et d'orge, beaucoup de loubiers (*haricots*), des pastèques, des melons, des concombres, le bannier, le mélochier, un peu de coton, etc., mais particulièrement le dattier, dont les fruits surpassent, par leur grosseur et leur bonté, ceux de tous les cantons de l'Egypte. Ils ramassent aussi un peu de gomme arabique sur l'acacie d'Egypte, le *mimosa nilotica*. Lin.

Les irrigations s'y font en partie avec des roues à godets, mais plus particulièrement par la main des hommes; et le Barabras comme l'Egyptien, mêle sa sueur à l'eau du Nil, qu'il tire journellement pour fertiliser le sol qui le fait vivre; et les productions qu'il en obtient sont presque aussi belles et aussi abondantes que celles de l'Egypte, quoiqu'il cultive un terrain de qualité bien inférieure. Les dattes surtout, qu'on pourrait appeler la manne des Egyptiens, y sont d'une saveur et d'une beauté rares.

Cet état brillant des cultures de la vallée des Barabras tient encore à sa latitude, à son organisation particulière et à quelques autres causes physiques, mais principalement aux deux chaînes de montagnes très-élevées qui en encaissent le sol et y rendent les pluies assez fréquentes. Ces pluies bienfaisantes enlèvent une poussière impalpable qui recouvre les feuilles et les tiges des plantes, et dont la présence est nuisible à la végétation.

La partie inférieure de la vallée des Barabras, connue en Europe sous le nom de Nubie, est bornée à l'est par une étendue immense de montagnes nues qui se prolongent depuis la rive droite du Nil jusqu'à la mer rouge; et à l'ouest par d'autres montagnes et les vastes déserts de Barca, dont les dunes mouvantes offrent une aussi grande stérilité que le côté opposé.

Cette contrée est brûlée, pendant plus de neuf mois de l'année, par les rayons du soleil, qui acquièrent une nouvelle intensité étant réfléchis par les montagnes environnantes. C'est probablement la cause de la couleur noirâtre de la peau du Barabras, plus foncée que celle de l'Egyptien placé au nord; tandis qu'au sud on trouve le noir Abyssin aux cheveux crépus.

Cette nuance n'est pas la seule chose qui distingue les Barabras des Egyptiens. Lorsque ces derniers subirent le joug des féroces Arabes, qui les astreignirent même à adopter leur langage dur et guttural, les Barabras, dans leur médiocrité, défendus par les cataractes et des montagnes escarpées, conservèrent leurs mœurs affables et la douceur de leur langue. Ils sont très-industrieux; mais les productions de leur territoire, limité par des montagnes extrêmement arides, étant insuffisantes pour les nourrir, il en descend en grande quantité en Egypte, où ils sont dans l'état de domesticité, sous le nom de *Barbary*. Leur fidélité et la douceur de leur caractère leur méritent une préférence marquée. De temps à autre, ils vont revoir leurs pénates; par conséquent, ils sont à ce dernier pays, ce que les Savoyards sont à la France.

Les Barabras tirent de l'Egypte des toiles de lin et des toiles de coton, quelques schals grossiers de la Mecque, du sel en assez grande quantité, un peu de café, quelques épiceries et de la verroterie. Ils achètent ces objets avec des dattes sèches, de la gomme arabique, quelques ouvrages en feuilles de dattier, parmi lesquels les plus recherchés sont des couffes, qui ferment d'une manière solide et ingénieuse.

Les objets qui leur rapportent le plus et dont la nature fait tous les frais, sont le bon séné et l'arguel. Ces deux espèces, dont on faisait alors la récolte, sont particulières à cette contrée, où elles viennent spontanément entre le Nil et la mer rouge parmi le séné-belledy.

Les causes de la fertilité de la vallée des Barabras ont aussi une gande influence sur le séné et les autres végétaux qui croissent dans les ravins et les collines qui l'environnent; mais la beauté des productions végétales de toute espèce diminue à mesure qu'elles sont plus éloignées du fleuve.

Il résulte de ce qui vient d'être dit, que le bon séné et l'arguel ne sont pas plus cultivés que le séné-belledy. Ils viennent spontanément par groupes dans les collines et les ravins, où chaque particulier a le droit de les couper dans l'arrondissement de son canton. On en fait deux récoltes, dont l'abondance dépend de la durée des pluies qui ont lieu périodiquement chaque année.

La première et la plus abondante de ces récoltes se fait à l'issue des pluies qui commencent au solstice d'été, et se terminent à la fin d'août ou au commencement de septembre. La seconde a lieu, comme je l'ai appris, en avril; mais elle est beaucoup moins abondante que la première. Quelquefois même elle est presque nulle, à raison du peu de pluies qui ne tombent que par intervalles le reste de l'année.

La préparation de ces espèces est bien peu dispendieuse, car elle se réduit à les couper et à les exposer au soleil, sur les rochers, jusqu'à parfaite dessiccation. Il fait si chaud dans ces contrées, que souvent un seul jour suffit pour compléter cette dessiccation, ce dont j'ai été témoin, m'étant trouvé sur les lieux au moment de la première récolte, époque où je pris les espèces séparées que j'ai l'honneur de présenter à l'Institut. Leur quantité est assez considérable pour qu'elle puisse faire constater par une commission les vertus médicales de chacune en particulier. Cela me paraît d'autant plus important, que peut-être jamais on n'a été à même d'avoir ces espèces sans aucun mélange; et c'est une vérité que l'on rencontre parmi le séné vendu chez les droguistes, des feuilles de bagnaudier et de buis.

De la vallée des Barabras, on conduit, à dos de chameau, jusqu'à Sienne ou à Darao, le séné et l'arguel, après en avoir fait, au moyen des feuilles de dattier, des petits ballots d'environ un quintal, qu'on vend trois cents à trois cents quarante parats chaque (onze à douze francs de notre monnaie). Ils sont ensuite portés à la ferme générale du Caire, qui les achète onze et douze pataques (trente à trente-trois francs), et qui les revend, année commune, trente à trente-trois pataques le quintal (environ cent-six francs de notre monnaie) aux commissionnaires de l'Europe.

Je venais de trouver conformes à la vérité tous les renseignemens qu'on m'avait donnés sur le séné et l'arguel. Les mêmes personnes voulurent bien m'informer du produit (*extraction faite des tiges*) des deux coupes qu'on fait chaque année. Il varie depuis sept cents quintaux jusqu'à onze cents au plus, dont le tiers est communément d'arguel.

Si cette quantité est exacte, les marchands d'Egypte ne peuvent satisfaire entièrement aux demandes de l'Europe, que par une grande falsification; car elles sont, d'après l'aveu même du paltier, toujours de quatorze à quinze cents quintaux, et jamais moins de douze. Il leur faut donc, pour compléter toutes ces demandes, mélanger trois à quatre cents quintaux de l'espèce de séné, dite *sauvage*, avec celle apportée de Nubie. Cette falsification ne se pratique point au Caire, car il ne croît dans les environs que quelques pieds de *séné-*

belledy, mais bien dans les entrepôts de *Kéné*, d'*Esnech*, de *Darao*, de *Sienne*, etc., près desquels il vient naturellement en assez grande quantité.

Le gouvernement égyptien peut seul prévenir cet abus dans son principe. Il y parviendrait aisément en ordonnant l'extirpation de l'espèce sauvage, et en favorisant la culture de celle à larges gousses et de l'arguel, dans la province de Thèbes, qui s'étend jusqu'aux cataractes de Sienne. Les habitans de cette contrée sont si pauvres, qu'il faut que le gouvernement leur fasse l'avance des grains et autres productions qu'ils cultivent. Il a soin de retirer ses avances, lorsqu'il perçoit le *miry* ou l'impôt territorial.

La culture du séné se ferait dans le genre de celle de l'indigo, en semant les graines par petites touffes, à deux pieds l'une de l'autre. Elle produirait quatre à cinq coupes par an, qui seraient vendues au même prix que celui qui est apporté à Sienne par les caravanes. L'aisance qu'elle répandrait parmi les cultivateurs les tirerait sans doute de l'indolente apathie où les a réduits l'oppression du gouvernement des Mamelouks ; c'est, je crois, l'un des plus sûrs moyens de prévenir la falsification du bon séné et de l'arguel, parmi lesquels il est si facile d'introduire d'autres espèces de feuilles.

Néanmoins il s'en présente une autre bien plus à l'avantage de la France, puisqu'elle peut le faire cultiver avec le plus grand succès dans nos colonies d'Amérique (dans les terres abandonnées des cultivateurs), où croissent spontanément la majeure partie des espèces de casse et de cynanque. Je présume que cette culture réussirait pareillement en Espagne, en Italie et en Corse.

On voit donc que des trois espèces de plantes qui composent le séné du commerce, deux sont particulières à la zône torride, mais que l'espèce commune s'étend jusqu'à Thèbes.

Nous allons donner de chacune une description complète suivie de figures.

Je puis affirmer que je suis le seul qui ait vérifié sur les lieux les faits principaux dont il est question dans ce mémoire, quoique je ne sois pas le premier qui en ait parlé à l'Institut.

La planche première représente l'espèce de séné connu dans la haute Egypte et chez les Barabras, sous le nom de *séna-belledy* ou de *séné sauvage.*

C'est le *cassia sena* de LIN. *cassia foliis sex jugis subovatis, petiolis eglandulatis.* La casse d'Italie, *Lamark*, Encyclopédie méthod. botan, p. 646; *sena italica, sive foliis obtusis*, C. B. p. 397; *Tourn.*, 618, *Rai.* hist. 1747; *Moris.* hist. 2, p. 200, sec. 2, tab. 24, fig. 2; *sena, Dod.* pempt. 361, lob. ic. p. 88; *sena italica foliis quinque jugatis cordatis obtusis. Mill.* Dict. n°. 2; *cassia, Burman. Flora indica*, p. 96, tab. 23, f. 2.

Cette espèce de casse, qui offre tous les caractères du genre, est remarquable par des feuilles ailées à six ou sept paires de folioles ovales, obtuses, inégales à leur base, un peu épaisses, portées par des pétioles qui n'offrent point de glandes, et par des gousses aplaties, arquées, surmontées des deux côtés de petites élévations longitudinales en forme de crête, qui répondent à chacune des graines qu'elles renferment. De sa tige ligneuse, assez droite, à-peu-près cylindrique, partent un grand nombre de rameaux qui s'étendent en tous sens, sous un angle d'environ quarante-cinq degrés; la plante ne s'élève pas au-delà d'un demi-mètre. Toutes ses parties sont en général assez lisses, et répandent une odeur fétide lorsqu'elles sont nouvellement cassées.

Le dessin de cette espèce, de même que les deux autres, est de M. Redouté le jeune, artiste très-distingué, et dont l'exactitude est bien connue.

La planche 2 représente le *sena-guebelly*, ou *sena-Mekky*, séné de montagne, ou de la Mecque.

C'est la casse lancéolée, *Lamark*, Encyclop. méthod. bot. p. 646. Le *cassia lanceolata, foliis quinque jugis; Forskall, Flora Ægyptiaca*, p. 85, n°. 58; *sena - alexandrina, sive foliis acutis, Bauh.* pin. 397. *Moris.* hist. 2, pl. 201, sec. 2, tab. 24, f. 1; *Tourn.* 608; *Rai.* hist. 1742; *Mill.* Dict. n°. 2; *sena, B.* 377; *sena orientalis, Tabern.* herb. p. 2, f. 220.

Linné avait confondu cette plante avec le séné d'Italie, et quoiqu'elle soit d'un très-grand usage dans la médecine, on n'en a cependant pas encore publié une seule bonne figure, non plus que de la précédente, comme l'observe très-bien M. Lamark. J'ai donc cru que les médecins, les pharmaciens et les botanistes verraient avec plaisir celles que j'offre à la Classe, et qui ont été faites en Egypte avec un égal soin.

Cette espèce de séné se distingue : 1.° par ses feuilles ailées, composées de quatre à six paires de folioles ovales-lancéolées, un peu velues dans toutes leurs parties; 2.° par une glande à la base du pétiole, et une autre entre chaque paire de folioles; 3.° enfin par des gousses ovales, oblongues et très-aplaties.

C'est un joli arbuste qui ne s'élève pas au-delà de sept décimètres. De sa tige, presque cylindrique, sortent des rameaux simples qui s'en écartent peu.

Dans la planche 3 est figuré l'arguel, nommé aussi par les marchands *séné-Mekky*, séné de la Mecque; néanmoins on n'en remarque presque point dans le peu de séné qui vient par Suez, mais beaucoup de séné-belledy; et le mélange qu'en font les Arabes de cette contrée est un trait de leur mauvaise foi qui contraste singulièrement avec la conduite scrupuleuse des Barabras, qui se gardent bien d'introduire cette espèce dans les deux autres, crainte qu'il n'en résulte quelques dangers.

L'arguel n'est décrit dans aucun auteur; c'est une nouvelle espèce que nous nommerons cynanque à feuilles d'olivier, *cynanchum oleæ folium*. Elle a tous les caractères propres à ce genre, mais elle présente les mêmes propriétés que le bon séné; et l'on peut même dire qu'elle lui est préférable, le témoignage des habitans l'atteste aussi bien que les expériences qu'a entreprises, à ma prière, M. Pugnet, médecin de l'armée. On a eu tort d'avancer qu'on ne faisait aucun usage des gousses ou follicules de séné en Egypte, puisqu'on les trouve indifféremment chez tous les droguistes égyptiens, tantôt mélangés avec les feuilles de cet arbuste, et tantôt sans mélange.

Cette nouvelle espèce de cynanque se distingue aisément par sa tige qui se soutient d'elle-même, par ses feuilles ovales-lancéolées, couvertes d'un long duvet, de même que sa tige et ses calices, et par ses pédoncules assez longs, dichotomes, portant à l'extrémité de leur division cinq à six petites fleurs disposées en petites ombelles entourées de folioles très-étroites.

La plante est vivace, et ne s'élève pas à plus de neuf décimètres. J'ai déjà observé qu'elle n'est pas grimpante comme le sont la plupart des espèces de ce genre. Ses rameaux sont simples, flexibles, assez nombreux, et s'écartent peu de la tige.

On trouve quelquefois sur ses rameaux, particulièrement sur ses petites souches, une gomme résine très-âcre et fortement aromatique, qui provient des sucs propres épanchés à la suite de quelques déchirures de l'écorce, et ses fruits, mis sur les charbons ardens, répandent une odeur très-aromatique.

Ses feuilles, comme nous l'avons dit, entrent communément pour un tiers dans le commerce du séné. Cette plante croît particuliè-ment dans la vallée *du Woaadé-chègre* et de *Béchérié*.

Dans le manuscrit de Lyppi sur les plantes d'Egypte, on en trouve une désignée sous le nom d'*Asclépias africana foliis oleæ :* elle n'est accompagnée d'aucune description ni dessin, et n'existe ici dans aucun herbier; ce qui laisse de l'incertitude sur son identité avec celle que nous décrivons.

On trouve aussi dans toute la haute Egypte la casse des boutiques très-employée en médecine, notamment dans le Levant. Les Arabes la nomment *kriar-chambar*, et en font aussi usage. La hauteur moyenne de l'arbre qui la produit est de huit à dix mètres. C'est de toutes les espèces de casses celle dont les feuilles et les fleurs sont les plus grandes. Nous nous dispensons de la décrire, parce qu'elle est très-connue des botanistes, des médecins et des pharmaciens, mais elle n'est bien figurée nulle part; et par cette raison, nous en joignons ici un dessin exact de M. Redouté l'aîné, peintre célèbre, et frère de celui qui nous a fourni les autres, à l'effet de compléter l'Histoire des casses du commerce.

Je ne négligeai pas, en rétrogradant, de visiter de nouveau, avec une scrupuleuse exactitude, tous les monumens de la Thébaïde, pour voir si les Egyptiens avaient consacré une place à l'une de ces plantes; mais je n'en trouvai aucun vestige. Néanmoins, d'après d'An-ville, le nom de *séné* fut donné à une ville de la haute Egypte, qui a disparu comme tant d'autres.

J'en fus cependant moins étonné, en m'assurant qu'il n'était pas plus question du *papyrus*, plante si fameuse parmi les Egyptiens, tandis que dans les ornemens de leur architecture on reconnaît partout les feuilles et les fruits du dattier (un dattier forme une colonne et son chapiteau, dans la colonnade en face du grand temple de Phillé). On y remarque encore les feuilles en éventail du palmier *doum*, les rameaux et le fruit de la vigne, les branches du myrthe, les fruits du concombre trompette, ceux du figuier sycomore, ceux du grenadier, l'aloès, les gousses articulées de l'acacia d'Egypte, etc. etc., mais bien plus fréquemment le *lotus :* ce dernier, de même que le papyrus, a totalement disparu de la haute Egypte. Le papyrus ne se rencontre plus que sur les bords du lac Bourlos et du lac Minzallé, et le lotus dans les rivières de leur voisinage, comme aussi dans la province de Fayoum et aux environs du Caire.

HYPOLITE NECTOUX,

NATURALISTE.

ERRATA.

Dans l'Avertissement, ligne 12, je les ai fait dessiner
sur les lieux : *lisez*, elles ont été dessinées sur les
lieux par M. Redouté jeune, membre de l'Institut d'Égypte.

Page 2, ligne 8, Marseilles : *lisez* Marseille.

Pag. 3, lig. 1, 10, 12 et ailleurs, Sienne : *lisez* Syene

Ibid. lig. 34 et ailleurs, bassa-Tine : *lisez* Baçatin.

Pag. 5, lig. 6 et ailleurs, fellach : *lisez* Fellah.

Ibid. lig. 11 et ailleurs, Esnech : *lisez* Esné.

Ibid. lig. 33 et ailleurs, Hermontis : *lisez* Hermonthis.

Pag. 8, lig. 2, ... el bad : *lisez* el bab.

Ibid. lig. 31, ... Beguette : *lisez* Bégéh.

Pag. 13, lig. 20, ... Beillard : *lisez* Belliard.

Cassia Sena. Lin.

Séné de la Thébaïde.

Dessiné en Égypte par H. J. Redouté.

Gabriel sculp.

Cassia Lanceolata Lamark.
Séné de Nubie.
Dessiné en Egypte par M. T. Redouté.
P. M. Poit sculp.

Cinanchum Olicaefolium.

Arguell de Nubie.

Dessiné en Egypte par M. A. Redouté.

Bossin sculp.

Cassia Fistula. Lin.
Casse des Boutiques.
P. J. Redouté
M.lle Taminet sculp.